我的家在中國・山河之旅 ③

文武雙全
峻極於天

嵩山

檀傳寶◎主編　馮婉楨◎編著

中華教育

中嶽嵩山

天下功夫出少林，少林功夫甲天下！你知道少林小子的故事嗎？你知道中國的「中」是甚麼意思嗎？你知道嵩山為甚麼被稱為「中嶽」嗎？讓我們一起上嵩山一探究竟吧！

嵩山少林寺被視為漢傳佛教禪宗的祖庭。

少林寺佛塔的高度、大小和層數主要是由僧人生前的功德大小決定。

寺林少

「程門立雪」反映了我國尊師敬師的傳統。

觀星台是元朝天文學家郭守敬建立的天文台和觀測站。

嵩陽書院教學非常開放，允許有不同見解的人在這裏講學。

中嶽嵩山故事多

「文武雙全」的嵩山

小朋友，你聽說過少林寺的故事嗎？

你可知道少林寺身後有座嵩山？這嵩山，可是「文武雙全」噢！

傳說，玉皇大帝主管天庭，得力於五位天將保駕。這五位天將的本領都十分了得，其中山高將軍文武雙全。一次，天下大亂，玉皇大帝就派這五位大將分別去鎮守天下的東南西北中五個方位，其中山高將軍負責管理中原地帶。過了一段時間，五位大將管理得怎麼樣呢？玉皇大帝要來視察了。但中原山川遼闊，如何御覽呢？

只見山高將軍一手拿着天書，一手拿着鎮世寶刀，把書和刀一上一下，端了三次，一座大山就出現了，又上下端了三次，將大山分出兩支山脈。接着，慢慢出現七十二峯，有的像老翁，有的像白鶴，有的像金童，有的像玉女⋯⋯山上山下的景色，好似一卷美畫展現開來。

玉皇大帝看得高興，打算給這座山封名字。一個貼身隨從悄悄地提醒玉皇大帝：「陛下，您看這大山，長得與山高將軍一樣俊美啊！」玉皇大帝大悅，說：「『山』與『高』合在一起不是『嵩』字嗎？」於是，嵩山的名號就有了。

　　嵩山由太室山和少室山組成，太室山在東，少室山在西，每座山都有三十六山峯，合起來共計七十二山峯。嵩山的主峯是峻極峯，最高峯是連天峯。《詩經》中的「嵩高惟嶽，峻極於天」名句，充分說明了嵩山的高大險峻與歷史悠久。

▲太室山

▲少室山

為甚麼稱嵩山為「中嶽」？

　　中國古代的先民認為天圓地方，天地之間是有中心的。這是中國先民最早提出的宇宙觀。同時，由於受到社會活動範圍的局限，古代先民認為中原一帶是天地的中心。從地理位置上看，嵩山位於今天的河南省登封市西北面，北瞰黃河、洛水，南臨潁水、箕山，西連洛陽，東通開封，處於中原腹地。從歷史發展上看，嵩山周圍是中國早期王朝建都之地和文化薈萃的中心。因此，嵩山自然被稱為五嶽中的「中嶽」。其他四嶽分別為東嶽泰山、西嶽華山、南嶽衡山、北嶽恆山，分佈在嵩山的東西南北方向。

▶西嶽華山
　位於陝西省
　海拔 2155 米

▶南嶽衡山
　位於湖南省
　海拔 1290 米

◀北嶽恆山
　位於山西省
　海拔 2016 米

◀中嶽嵩山
　位於河南省
　海拔 1492 米

▲東嶽泰山
　位於山東省
　海拔 1533 米

少室山中習武修禪

誰把身影投在石頭上？

在嵩山五乳峯中峯的上部，離峯頂不遠的地方，有一個天然石洞。石洞高、寬各約 3 米，長約 7 米。洞門方方的，正好向陽敞開，洞內冬暖夏涼。傳說，印度佛教高僧菩提達摩來到中原的少林寺後，選擇這裏作為自己修性坐禪的地方。每日，達摩都在石洞裏面壁靜坐，全神貫注，連小鳥落在肩膀上都渾然不知。日復一日，年復一年，整整面壁了九年。在達摩離開石洞後，人們發現他坐禪面對的那塊石頭上，竟留下了一個達摩面壁姿態的形象，衣裳上的褶紋都隱約可見，宛如一幅淡色的水墨畫。

今天，人們把這塊石頭稱為「達摩面壁影石」，把這個石洞稱為「達摩面壁洞」。

少林寺是位於嵩山五乳峯下的一座佛教寺廟，興建於北魏太和十九年（495 年）。因為寺廟建在少室山上的樹林中，所以叫少林寺。最初，孝文帝是為了安置印度來的高僧跋陀而修建了少林寺。後來，菩提達摩也在此修煉傳教。因此，今人將嵩山少林寺視為漢傳佛教的禪宗祖庭。

▼菩提達摩，佛教禪宗的創始人

少林拳是怎麼來的？

　　達摩一開始在少林寺傳播禪宗時並不順利，人們不太願意隨他修行。為甚麼呢？因為達摩主張的禪宗的主要修煉方法就是坐禪——靜坐思慮。人坐久了，身體很容易僵化麻木，進而導致人精神不振。怎麼辦呢？

　　達摩祖師就創編了一套健身操，供徒弟們在坐禪間隙演練，以振奮精神。這套操共有十八個動作，做起來很簡單。可誰能想到，就是這簡單的十八個動作後來竟然發展成了享譽全球的少林功夫。

　　少林達摩十八手是少林拳的最初形態。後來，經過歷代少林武僧的演練、完善和融會貫通，尤其是通過不斷地吸收學習中國本土的其他武術流派的動作，少林拳逐漸發展成為豐富多樣的少林功夫，形成了一套博大精深的武術體系。今天，少林功夫不僅有拳術，還有各種器械套路，以及氣功、點穴等各類功法。

十三棍僧救唐王

少林寺的僧人有了好功夫用來做甚麼呢？只是用來鍛煉身體嗎？不。他們用一身好功夫做過很多濟世救人的事呢！例如，十三棍僧救唐王。

傳說隋朝末年，天下大亂，王世充霸佔了洛陽，自立稱帝。但終日東殺西戰，搞得民不聊生。相反，唐王李淵父子管理的地方五穀豐登，軍隊秋毫無犯，百姓安居樂業，父子深受百姓愛戴。

一次，李世民不幸被王世充的軍隊抓到，關進了洛陽的監獄裏。離洛陽城的不遠少林寺僧人聽說了這個消息，決定搭救李世民，擁護李淵父子治理天下，以救濟天下百姓。

於是，以曇宗為首的十三名僧人趕赴洛陽城。他們浴血奮戰，最終救出了李世民，還抓住了王世充手下的大將軍。李世民當了唐朝皇帝之後，不僅嘉獎了曇宗等僧人，還撥了很多的錢和田地給少林寺。少林寺從此聲名更加顯赫，被譽為「天下第一刹」。

今天，在少林寺殿內的壁畫上，我們還能找到記錄十三棍僧救唐王的歷史故事。

▲少林寺殿內壁畫

事實上，少林寺從建立開始，由於其在佛學和武學兩方面的地位，在很多歷史時期都受到過最高統治者的重視和資助。隋唐時期，隋文帝和唐太宗曾給少林寺撥錢糧和土地，唐高宗和武則天還多次親遊

▲ 1995 年 8 月 30 日發行的《少林寺建寺一千五百年》紀念郵票，一套四枚，其中一枚為《少林寺壁畫──十三棍僧救唐王》

少林寺。元明清時期，元世祖曾給少林寺修建建築，擴大規模，明世宗則不僅擴建少林寺，還給了少林寺免除糧差等特權，而清康熙帝和乾隆帝都親自給少林寺書寫過匾額。

少林寺在全國的影響力不容小覷。

你是學武術，還是學功夫？

　　歷史上，少林寺僧人用功夫一次次地幫助別人、匡扶正義、扶弱濟貧，少林功夫在海內外的影響力越來越大。慢慢地，「少林功夫甲天下」和「天下功夫出少林」這兩句話變得婦孺皆知，少林功夫對青年人的吸引力也越來越大。從古至今，數不清有多少人被少林功夫吸引，千里迢迢地奔向嵩山少林寺拜門求藝。可嵩山少林寺不是誰來都收的。如果你跟少林寺的方丈說「我要學武術」，說不定方丈不會收你。但是，如果你說「我要學功夫」，方丈則很有可能會覺得孺子可教也。這是為甚麼呢？

人們將嵩山少林寺讚為「武術聖地」，但是，少林寺自己人總是向人強調——這是少林功夫，不是少林武術！與其他功夫流派相比，少林功夫講究禪武合一。達摩祖師在一開始向他的弟子傳授少林拳的時候就強調要「禪拳合一」，練拳是為了修禪。甚麼是「禪」呢？禪，就是生活智慧，就是做人的道理。禪，並不只是在佛堂裏，而是更多地在人們的日常生活中。因此，少林武術的練習多與日常生活結合，並且多有僧人選擇在嵩山的瀑布下、山頂上、樹林裏等幽靜之處打坐練武。另外，少林武術是一代一代少林寺僧人「用功」練習和創造的結果，是大家長期專注於一件事情才有的文化成果，不是一個人的匹夫之勇就可做到的。所以，少林武術是功夫。武術是技藝，其背後的功夫更為重要。

世界各地的少林小子

作為中華武術的一個重要組成部分，少林功夫不僅對各家之長兼收並蓄，還在國內外廣泛傳播收徒。在國內，鄭州的街頭、台北的學校、香港的武館；在國外，菲律賓的運動場、美國的文化中心、德國的國際交流中心……可以說，今天，幾乎在世界各地，我們都能見到正在追隨少林寺僧人學習少林功夫或佛道的少林小子。

作為中華文化的一部分，少林寺正越來越多地受到國際社會的認可和學習。同時，少林寺與國際社會之間的交流也日益增多。

▼在中國嵩山練功的僧人

▲在中國香港表演的僧人

▼在巴林表演的僧人

▼在墨西哥表演的僧人

塔林裏的塔能數得清嗎？

少林寺的高僧去世後，後人會為其修建墓塔以示紀念。時間長了，少林寺旁邊就形成了一片塔林，看起來古樸壯觀。一次，清朝乾隆皇帝親自來到了少林寺。在觀賞塔林時，乾隆皇帝感歎不已，讚塔林層層疊疊、錯落有致。同時，乾隆皇帝生出了好奇心：這塔林裏到底有多少座塔呢？

於是，乾隆皇帝命手下的三員得力大將進入塔林，數一數裏面有多少座塔。結果，三個人數出來的數字竟然不同。乾隆皇帝就命他們進去再數。一連數了三次，得出九個不同的數字。乾隆皇帝龍顏大怒，當下命令護駕的五百名親兵每人站在一座塔下。結果，所有的親兵都去了，最後還是沒弄清楚。

乾隆皇帝沒辦法了，只好說是「塔林幻影」！

塔林，在少林寺西側，由少林寺歷代高僧的墓塔組成。佛教界有名望的僧人死後，人們把他們的骨灰或屍骨放入地宮，並在上面造塔，以示功德。塔的高低、大小和層數，主要根據僧人生前佛學造詣的深淺、威望的高低和功德的大小來決定。一般，塔的層級為一至七級，高度約在15米以下；塔的造型有四方形、六角形和八角形等；塔的種類有樓閣式塔、密簷式塔、亭閣式塔、幢式塔、碑式塔等。這些塔是各歷史時期的代表作，是研究我國古代建築、書法和雕刻藝術的寶庫。

少林寺佛塔

▲少林寺塔林

塔林裏的塔真的數不清楚嗎？今天，有人統計塔林中有古塔230餘座。其中，唐代建塔2座，宋代建塔2座，金代建塔10座，元代建塔46座，明代建塔148座，餘為清代所建或時代不詳者。

少林寺裏有「錯字」

▲少林寺藏經閣匾額

左邊圖片是少林寺藏經閣的匾額，裏面是不是有錯字呢？請你找找看！

真的哦，「藏」字少了幾筆。

這是誰寫的錯字？這是中國佛教協會原會長、中國傑出書法家趙樸初老人手書的三個大字。

他怎麼會寫錯字呢？事實上，趙樸初老人是故意少寫幾筆的。原來，少林寺藏經閣裏藏的寶貝經書可多了，有 12 大櫃，一共 5480 卷。其中有《大藏經》和《少林拳譜》等寶貝。可惜，1928 年，軍閥石友三一把大火燒了少林寺，所有的寶貝都沒有了。

後來，少林寺請趙樸初老人為藏經閣題匾時，老人難忍悲憤，同時也為了警示後人，便故意少寫了幾筆。他的意思是，藏經閣是藏不住經的！

那經要藏在哪裏呢？藏在老百姓的心中！今天的少林寺充滿了開放精神，向世人積極地傳播佛教、武學和醫學。所以，少林寺在自己的官方網站上公佈了少林武學祕籍的內容，這讓許多對少林功夫充滿好奇的人興奮不已。

▲趙樸初

在很多武俠小說中，少林寺藏經閣是一個戒備森嚴、神祕無比的地方，裏面藏有多種武林祕籍。如果誰有幸進入藏經閣學到武學祕籍，就可能成為武功高強的人。然而，在小說中，少林功夫自成一派，只傳自家弟子。一些武林人士一心想學到少林功夫的精髓，就潛入少林寺藏經閣偷學，或者乾脆盜走武學祕籍，於是使得武林中你爭我搶的糾紛頻現，流傳出關於藏經閣的許多故事。

事實上，藏經閣相當於大學裏的圖書館或家庭裏的書房，就是一個存放和管理書籍的地方。圖書館和書房有無影響力，還在於使用圖書館和書房的人能否影響他人，藏經閣亦是如此。藏經閣的吸引力在於少林文化的影響力，今天藏經閣的開放反映着少林文化的氣度。

太室山下舉學重教

氣壞了的「三將軍」

嵩山腳下，有一座古代大學——嵩陽書院。

傳說西漢時，漢武帝劉徹到嵩山遊玩，來到了現在的嵩陽書院。一進門，漢武帝看到了一棵自己從未見過的樹形高大的柏樹，一高興，就將這棵柏樹封為了「大將軍」。

漢武帝接着往裏進，到了正院，又看到一棵比「大將軍」還高大的柏樹。漢武帝有心把它封為「大將軍」，但前言已出，不便更改。他乾脆將錯就錯，指着這棵大柏樹說：「朕封你為二將軍。」旁邊的隨從在旁提醒皇上：這棵柏樹可比前院那棵「大將軍」還高還大！但漢武帝憤怒地斥責：「先入者為主！」大家雖有不服，也只好叩頭稱是。

▲「二將軍」柏樹

漢武帝繼續往書院後邊走，又見到一棵更為高大的柏樹。他還是知錯不改，面對這棵大柏樹說：「再大你也是三將軍了！」

這樣，漢武帝給三棵柏樹的封賞名不副實，三棵柏樹就有了想法：「三將軍」自知最高最大，在三者之中卻被排在末位，氣憤之極，竟枝葉枯萎，一命嗚呼。現在遊人已經見不到它了。「二將軍」覺得自己比「大將軍」高大得多，卻屈居第二，滿腔怨氣無處發泄，天長日久，竟氣炸了「肚皮」。現在「二將軍」樹幹下部，還存有能夠容人置身的裂縫。「大將軍」則因自己不稱職而感到受之有愧，無臉抬頭見人，所以經常低頭彎腰，久而久之，慢慢就變成了彎腰樹。

▲「大將軍」柏樹

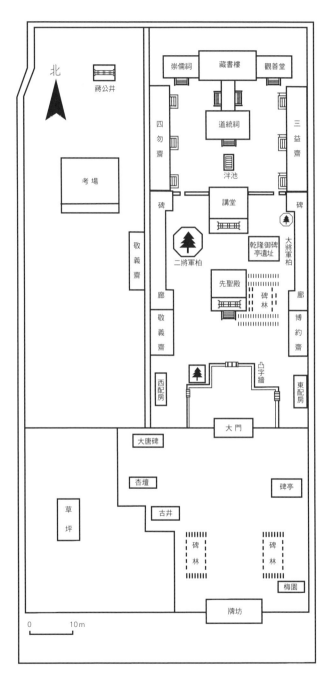

試試看，在嵩陽書院的平面圖上，找到「大將軍」和「二將軍」的位置吧！

▲嵩陽書院平面圖（其中有「大將軍」柏樹和「二將軍」柏樹的位置）

程門立雪的故事

　　作為古代的大學，嵩陽書院裏主要生活的就是學生和老師了。這裏流傳着一個著名的關於學生向老師請教問題的故事。

　　一個大雪天，學生楊時去老師程頤住處請教問題，剛好碰上老師在午休。楊時沒有叫醒老師，而是選擇站在門外的雪地裏等老師起牀。老師程頤醒來一看，楊時已經變成了一個雪人，快凍僵了，程頤趕緊把楊時招呼進屋裏。

　　這就是程門立雪的故事。故事反映了當時嵩陽書院良好的尊師重學的風氣，以及師生關係融洽的氛圍，也反映出了我國尊師敬師的傳統。

程頤（1033—1107），我國宋代著名的理學家與教育家。他與自己的兄弟程顥（1032—1085）並稱「二程」。二人共同創立了「天理」學說，為宋代理學的形成奠定了基礎。程顥與程頤曾在嵩陽書院講學十餘年，對學生一團和氣，平易近人，講學通俗易懂，宣道勸儀，很受學生擁戴。

講堂

滿院春色催桃李

一片丹心育新人

▲講堂門口的對聯

▲嵩陽書院內的講堂，是當年程頤講學的地方。

◀講堂內的壁畫

司馬光砸缸以後的事情

　　司馬光砸缸的故事，你聽說過嗎？據說就發生在嵩陽書院的後院裏。

　　司馬光小時候非常聰明。有一次，司馬光跟小伙伴們在後院裏玩耍，院子裏有一口大水缸，有個小孩爬到缸沿上玩，一不小心，掉到缸裏，缸大水深，眼看那孩子快要淹沒了。別的孩子一見出了事，嚇得邊哭邊喊，跑到外面向大人求救。司馬光卻急中生智，從地上撿起一塊大石頭，使勁向水缸砸去，「砰！」水缸破了，缸裏的水流了出來，被淹在水裏的小孩也得救了。大家直誇司馬光聰明。

司馬光長大以後，成了北宋著名的政治家、文學家和史學家。他用了 19 年的時間，主持編纂了中國歷史上第一部編年體通史《資治通鑑》。《資治通鑑》全書 294 卷，其中的第 9 卷至第 21 卷是司馬光在嵩陽書院和附近的崇福宮內完成的。司馬光編寫《資治通鑑》可謂嘔心瀝血，書編成兩年後，他就去世了。當時的北宋皇帝宋神宗認為司馬光的書「鑒於往事，有資於治道」，特欽賜了書名《資治通鑑》。

人們常說「讀史可以明鑒」，有助於今人更好地治理天下，這也是司馬光編寫《資治通鑑》的初衷。作為一部珍貴的歷史巨著，《資治通鑑》得到了很多人的喜愛。例如，毛澤東就十分愛讀《資治通鑑》，曾將此書讀過 17 遍。

▲司馬光畫像和《資治通鑑》書影

除了是教學機構，嵩陽書院還是一個學術研究機構。嵩山自古就是儒家學派活動的重要地區：除了司馬光在這裏寫作、著書以外，歷史上曾有范仲淹、程顥、程頤、楊時、朱熹等名儒先後在這裏講學。

嵩陽書院與河南商丘的睢陽書院（又名應天書院）、湖南的嶽麓書院、江西的白鹿洞書院，並稱為我國古代的四大書院。

北宋書院多設於山林勝地，惟應天書院設立於繁華鬧市之中，人才輩出。
隨着晏殊、范仲淹等人的加入，應天書院逐漸發展為北宋最具影響力的書院，
成為中國古代書院中唯一一個升級為國子監的書院。

范仲淹成才於應天書院

　　范仲淹 23 歲時，聞知自己的身世之後離開了長山，來到應天書院學習，開始了 5 年的苦讀生活。他「感泣慈母，去之應天府，依戚同文學」。范仲淹斷絕了一切家庭供給，「欲自理門戶」，進入了極度艱苦且漫長的求學生涯。他晝夜苦讀，在應天書院留下了《南都學舍書懷》的詩句。

道統祠前的繞池儀式

　　嵩陽書院裏有一間道統祠。祠前有一個水池，你知道這個水池叫甚麼名字嗎？叫泮（音同「判」）池。它有甚麼講究嗎？

　　嵩陽書院不僅是教學和學術研究的場所，還是祭祀孔子的場所。孔子家居泮水之濱，少年常在泮水邊讀書。後人為了紀念孔子，常常在學宮或書院裏修建泮池，以表示不忘先師的意思。古代，嵩陽書院凡考中秀才的人，都要在泮池周圍舉行繞池儀式，表示不忘先師的教導，繼承先師的博學，效法先師的品德，安邦治國。

▼嵩陽書院內景——道統祠

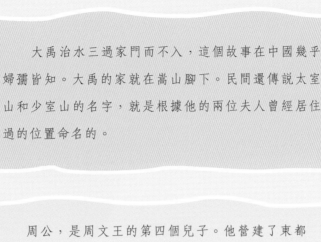

大禹治水三過家門而不入，這個故事在中國幾乎婦孺皆知。大禹的家就在嵩山腳下。民間還傳說太室山和少室山的名字，就是根據他的兩位夫人曾經居住過的位置命名的。

▶大禹雕像

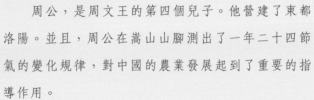

周公，是周文王的第四個兒子。他營建了東都洛陽。並且，周公在嵩山山腳測出了一年二十四節氣的變化規律，對中國的農業發展起到了重要的指導作用。

◀周公雕像

大家來猜猜看，既然泮池是為了紀念孔子所建，泮池後邊的道統祠裏的塑像會不會是孔子呢？

孔子是儒家思想的集大成者。但是，孔子的思想也是在前人的基礎上繼承和發展開來的。在孔子之前，中國的先民就在嵩山地區創造了燦爛的文明。所以，人們在泮池之後的道統祠放置了中國遠古文明的先驅們的塑像，而非孔子的塑像。他們依次是帝堯、大禹和周公。

帝堯是原始社會時期的部落首領。他曾在今天的登封一帶巡狩，最後也在登封一帶去世。他是一位非常仁慈的首領。狩獵時，人們一般會把四面圍成一個圍場，抓住其中的獵物。但是，帝堯考慮到後代的生計，他就讓圍場「網開一面」。今天來看，這不就是一種可持續發展的觀念嗎？

▶帝堯雕像

藏書樓裏的寶貝

嵩陽書院的藏書樓裏面藏了不少的典籍，是師生學習的重要依託。除了書以外，這裏還有一件寶貝。這件寶貝跟中國歷史上唯一的女皇帝武則天有關。

歷史上，武則天曾八次到嵩山，並曾於696年封禪嵩山，一改其他皇帝到泰山封禪的傳統。700年，武則天又專門到嵩山祭祀，將一封金簡投放在嵩山的峻極峯上。封禪儀式結束後，這封金簡就不見了，上面寫了甚麼後人也不清楚。一直到1982年，這封金簡被當地的一位農民在嵩山的岩石間發現了，後獻給了國家。

▲嵩陽書院內景——藏書樓

今天，這封金簡保存於河南省博物館，它唯一的一份複製品就放置在這嵩陽書院的藏書樓裏。由於歷史上的政治變動，武則天時期的現存記錄非常少，這封金簡是研究武則天歷史時期的重要文物。金簡上文字的意思大概是：祈求上天地府寬恕武則天的一切過失，保佑她所創立的大周江山永固。

▶武則天除罪金簡

大唐碑背後的傳說

　　說了嵩陽書院藏書樓裏的寶貝，我們再來看看嵩陽書院大門口的寶貝——大唐碑。

　　唐朝時，嵩陽書院叫嵩陽觀，是一個道教的道觀。觀內住着一個老道士，道號「嵩陽真人」。他終日上山採藥，煉製仙丹，為人治病，療效非常好，遠近的人都到嵩陽觀找他求藥，老百姓也十分敬重他。一次，唐玄宗李隆基身染重病，久治不癒，也派人來嵩陽觀求仙丹。吃了老道士的藥之後，唐玄宗的病果然好了。他便派人到嵩陽觀立碑明志，在全國各地挑選了很多能工巧匠來製作石碑，並專門請書法家來撰寫碑文。這座石碑今天還立在嵩陽書院的門口，稱「大唐碑」。

　　大唐碑之所以珍貴，一個原因是它為唐朝時留下的石碑，另一個是它的製作過程十分神奇。大唐碑重 80 多噸，僅上面戴着的碑帽就有 10 多噸重。在古代沒有起重機的情況下，工匠是如何把這麼重的碑帽戴到碑身上去的呢？

　　從寺廟，到道觀，再到儒家講學聖地，嵩陽書院本身的變革與發展，說明了嵩山地區文化具有兼容並蓄的態勢。

　　當時製作石碑的工匠們也差點被難住。他們製作好了碑身和碑帽，就是無法把碑帽戴到碑身上去。後來，在一位老人的啟發下，他們運來很多黃土把石碑圍起來，順着土坡把碑帽戴到碑身上，再將黃土挑走，這樣整個立碑的任務就完成了。今天，很多人看到大唐碑時都會感歎古人的智慧與精湛的手藝。

大唐碑身份證

小名：大唐碑

全名：大唐嵩陽觀紀聖德感應之頌碑

生日：唐天寶三年（744 年）

出生地點：嵩陽書院

詳細資料：整體高 9 米多，寬 2.04 米，厚 1.05 米，堪稱「碑王」。上面的碑文由唐代宰相史上的大奸臣李林甫撰寫，文字是唐代著名書法家徐浩的八分隸書。由於是書法家徐浩書寫的文字，所以大唐碑除了造型高大以外，還具有極高的書法價值。

天地的中心在這裏？

三千多年前，周公（周文王的第四個兒子）通過各種測量，認為嵩山一帶是當時中國的南北分界線，確認這裏為天地的中心，並在嵩山山腳立下圭表測定時間，在嵩山西側營建了當時的東都洛陽。

周公，姬姓，名旦，我國西周時期的政治家、軍事家、思想家和教育家，也是一位天文學家。我們常說的「周公解夢」說的就是這位周公。周公在周武王去世後，輔助武王的兒子治理國家。相傳，他制禮作樂，建立典章制度，不僅為周王朝的穩定和發展做出了重要貢獻，還對後世中華的禮儀文化產生了深遠影響。儒家學派奉周公為宗，將其尊為「元聖」，孔子也最為崇拜周公。

▲周公測景台

▲周公

圭表是我國古代最早的天文測量儀器。其基本原理就是「立竿見影」，通過觀察圭表形成的影子來記錄時間，辨識節氣。現在在嵩山山腳下的周公測景台有我國最早的圭表裝置。周公測景台建立之後，後世幾代都在使用。

後來，元代天文學家郭守敬在該測景台北約 20 米處建造了永久性的觀星台。當時還在全國 27 個地方建立了天文台和觀測站，嵩山的觀星台是其中之一。嵩山的觀星台由一座 9.46 米高的高台和從台體北壁凹槽裏向北平鋪的長長的建築組成，這座高台相當於堅固的表，平鋪高台北側地面的是「量天尺」，即石圭。這座碩大的「圭表」使測量精確度大大提高。同時，郭守敬對原有的圭表進行了改進，增設了能用來測量月亮位置的「窺几」。根據觀測和研究推算，郭守

▲古代的圭表

敬等編制了新的曆法《授時曆》。《授時曆》採用的太陽回歸年長為 365.2425 日，距近代觀測值 365.2422 僅差 25.92 秒，但卻比西方早採用了 300 多年。

今天，嵩山山腳下的「天地之中」歷史建築羣包括周公測景台、觀星台、嵩陽書院和少林寺建築羣在內的 8 處 11 項優秀歷史建築。

2010 年，河南登封「天地之中」歷史建築羣在聯合國教科文組織世界遺產委員會第 34 屆大會上通過審議，以「世界文化遺產」之名成功列入《世界遺產名錄》，成為中國第 39 處「世界遺產」。

▼觀星台

古今學校大評估

請你來擔任學校評估小組的成員，對嵩陽書院和自己所在的學校進行比較！

第一步，到嵩陽書院實地考察一下，用照片和文字結合的方式介紹一下你對嵩陽書院的印象。同時，用照片或者文字介紹你所在的學校。

嵩陽書院　　　　　　　　　我的學校

學校環境

碑廊一角

學校的名師

司馬光　　　范仲淹

程顥　　　程頤

第二步，通過比較分析，概括說明你所在學校的優點是甚麼。

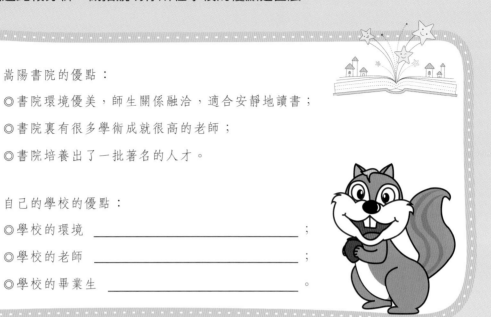

● 嵩陽書院的優點：

◎書院環境優美，師生關係融洽，適合安靜地讀書；

◎書院裏有很多學術成就很高的老師；

◎書院培養出了一批著名的人才。

● 自己的學校的優點：

◎學校的環境 _____ ；

◎學校的老師 _____ ；

◎學校的畢業生 _____ 。

第三步，對嵩陽書院和自己所在學校的發展提出建議。

對嵩陽書院的建議

● 改造成現代大學，培養現代發展需要的人才；

● 增加體育鍛煉設施，提高學生的身體素質；

_____

_____

_____

對自己學校的建議

● 增加戶外讀書和學習的設施；

● 鼓勵學生大膽地表達自己的意見；

_____

_____

_____

_____

我的家在中國・山河之旅③

文武雙全
峻極於天　嵩山

檀傳寶◎主編　馮婉楨◎編著

責任編輯：吳黎純　楊　歌

裝幀設計：龐雅美

排　版：陳先英

印　務：劉漢舉

出版 / 中華教育

香港北角英皇道 499 號北角工業大廈 1 樓 B

電話：（852）2137 2338

傳真：（852）2713 8202

電子郵件：info@chunghwabook.com.hk

網址：https://www.chunghwabook.com.hk/

發行 / 香港聯合書刊物流有限公司

香港新界荃灣德士古道 220-248 號

荃灣工業中心 16 樓

電話：（852）2150 2100

傳真：（852）2407 3062

電子郵件：info@suplogistics.com.hk

印刷 / 美雅印刷製本有限公司

香港觀塘榮業街 6 號

海濱工業大廈 4 樓 A 室

版次 / 2021 年 3 月第 1 版第 1 次印刷

©2021 中華教育

規格 / 16 開（265 mm x 210 mm）